好吃易做的

拿手宴客菜

瑞雅　编著

青岛出版社
QINGDAO PUBLISHING HOUSE

图书在版编目（CIP）数据

好吃易做的拿手宴客菜 / 瑞雅编著 . -- 青岛 : 青岛出版社 , 2017.5
ISBN 978-7-5552-5412-6

Ⅰ . ①好… Ⅱ . ①瑞… Ⅲ . ①菜谱 Ⅳ . ① TS972.12

中国版本图书馆 CIP 数据核字（2017）第 091421 号

书　　名　好吃易做的拿手宴客菜
编　　著　瑞　雅
出版发行　青岛出版社
社　　址　青岛市海尔路 182 号（266061）
本社网址　http://www.qdpub.com
邮购电话　13335059110　0532-68068026
选题策划　周鸿嫒　贺　林
责任编辑　肖　雷
装帧设计　瑞雅书业·李玲珑　许瑶瑶　陈卓通
制　　版　青岛帝骄文化传播有限公司
印　　刷　荣成三星印刷股份有限公司
出版日期　2017 年 7 月第 1 版　2017 年 7 月第 1 次印刷
开　　本　16 开（650mm×1020mm）
印　　张　10
字　　数　100 千
图　　数　558 幅
印　　数　1-10000
书　　号　ISBN 978-7-5552-5412-6
定　　价　25.00 元

编校印装质量、盗版监督服务电话　4006532017　0532-68068638

建议陈列类别：美食类　生活类

　　如何让人们在最短的时间里学会做菜？如何让人们在忙碌之中同样能够体验到食物的美味和营养？

　　怀着这样美好的初衷，青岛出版社携手瑞雅，一个专业从事生活类图书的策划团队，邀约众位专业摄影师和厨师，精心推出"美味制造"系列。

　　"美味制造"系列共分10册，里面既包括简单易做的家常菜，又包括宴客菜、下饭菜、滋补汤煲、家常主食等各色美食。系列中每一道菜式的烹饪，都经过厨师亲自现场制作、工作人员现场试吃、现场拍摄。我们从精心选购食材开始做起，精雕细琢菜肴的每一个制作工序，不厌其烦地调换哪怕一个很小的隐现在画面中的道具，只为用照片留住令人垂涎的美味和回忆，与您共享令人感动的色香味。希望您的厨房从此浓郁芬芳，生活从此活色生香！

目录 contents

第三章 可口汤品

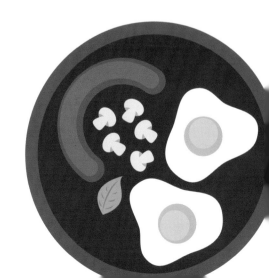

第四章 美味主食

第一章
清新凉菜

凉菜一般都作为宴客菜中的前菜，其口味相对清爽，
定会让客人胃口大开。

凉拌西蓝花

烹饪方法：**拌**　适宜人数：**2**

宴客有道

　　这道菜口感清脆，色泽美观，是一道不错的宴客佳品。

材料

西蓝花半个
蒜1瓣

调料

盐1小匙

做法

① 蒜去皮，洗净切末；西蓝花洗净，切小朵。（图①）

② 西蓝花朵放入沸水中焯烫熟，捞出，沥干。（图②、图③）

③ 油锅烧热，放入蒜末，加盐炒出香味，浇在西蓝花上，拌匀即可。（图④、图⑤）

 美味有理

　　西蓝花经过焯烫可以去掉本身的一股生腥气，只留下西蓝花的独有香气，特别是配上蒜蓉，味道会更好。

烹饪方法：泡　适宜人数：3

梅香小番茄

①

②

③

④

材料

小西红柿300克
话梅5颗
柠檬皮丝少许

调料

甘草3片
白砂糖1小匙
梅粉1小匙
盐少许

做法

❶ 小西红柿去蒂头，放入沸水中焯烫，捞起后去除外皮，备用。（图①）

❷ 取一容器，加入所有调料、柠檬皮丝和话梅，搅拌至话梅味道释放，成为酱汁，备用。（图②、图③）

❸ 将做法1的小西红柿放入酱汁中，拌匀后浸泡约1小时，取出装盘即可。（图④）

材料

毛豆100克
萝卜干50克

调料

麻油1小匙
盐少许
白砂糖少许

做法

① 萝卜干洗净，切成小丁；毛豆洗净，捞出，沥干。（图①）

② 油锅烧热，倒入毛豆，煸熟。（图②）

③ 加入萝卜干，放盐、白砂糖和麻油，拌匀后出锅，待冷却后装盘。（图③）

 美味有理

做这道菜的时候，也可以用老抽代替盐，白砂糖最好多加点，味道才更容易出来。

凉拌茭白丝

烹饪方法：**拌**　适宜人数：

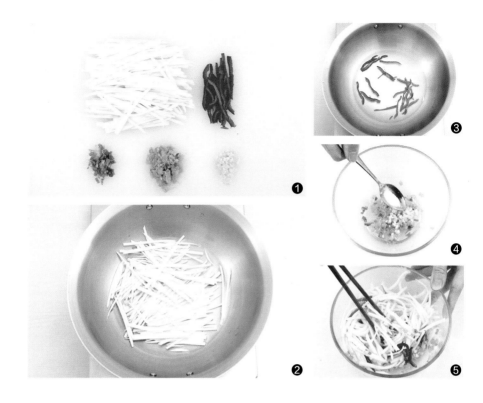

材料

茭白300克
红甜椒30克
野山椒10克
香葱适量
蒜少许

调料

盐1小匙
味精少许
香油适量

做法

1. 茭白去外皮，洗净，切丝；红甜椒洗净，去蒂，去籽，切丝；野山椒去蒂，剁成粒；蒜去皮，洗净，切末；香葱洗净，切成葱花。（图①）

2. 锅中盛水，将水煮沸后依次放入茭白丝、红甜椒丝焯烫至断生，捞起，沥干水，备用。（图②、图③）

3. 将盐、味精、蒜末、野山椒粒、香油、茭白丝、红甜椒丝放入大碗中，充分拌匀后装盘，撒上葱花即可。（图④、图⑤）

 美味有理

　　为了保持成菜的色泽和口感，焯烫原料的时间不宜过长。

凉拌土豆丝

烹饪方法：**拌**　适宜人数：**2**

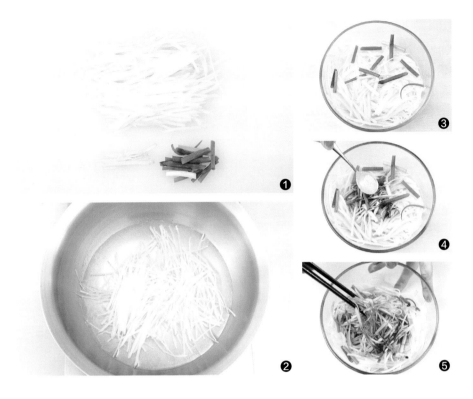

材料

土豆1个
姜20克
青葱1根

调料

白醋3大匙
香油1小匙
白砂糖1大匙
盐适量
白胡椒粉少许

做法

① 姜洗净，切丝；青葱洗净，切丝；土豆洗净，去皮，切丝。（图①）

② 锅中盛水，将水煮沸后加入土豆丝焯烫片刻，捞起，放入凉水中漂凉，备用。（图②）

③ 将土豆丝、姜丝及青葱丝放入碗中，放入准备好的调料，搅拌均匀后盛盘即可。（图③~图⑤）

美味有理

土豆丝焯烫以断生为度，不宜久煮；青葱宜选用葱叶较多者，这样可以保证成菜浓郁的葱香味。

材料

菠菜300克
柴鱼片100克
蒜泥1小匙
熟白芝麻少许

调料

芝麻酱半小匙
白砂糖1小匙
生抽1大匙

做法

❶ 菠菜洗净，去根，放入沸水中快速焯烫，捞出，泡入凉水中，沥干水，备用。（图①）

❷ 菠菜对折，用寿司竹帘卷成柱状，挤压出多余水后包紧定型。（图②）

❸ 将蒜泥及所有调料拌匀成酱汁，备用。（图③）

❹ 菠菜拆去竹帘，切段，摆盘，淋上酱汁，最后撒上柴鱼片及熟白芝麻即可。（图④）

葡萄汁蜜梨

烹饪方法：泡　适宜人数：3

材料

雪梨1个
薄荷少许

调料

葡萄汁500毫升
苹果醋适量
白砂糖1小匙

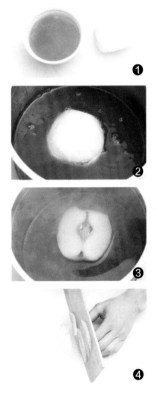

❶

❷

❸

❹

做法

❶ 将雪梨清洗干净，去皮，备用。（图①）

❷ 锅置火上，将500毫升的葡萄汁倒入锅内，再把去好皮的雪梨放进去，加入白砂糖煮10分钟，待梨煮软后即可关火。（图②、图③）

❸ 待汤汁晾凉后可将雪梨取出，去核，切片。（图④）

❹ 将梨片放入汤汁中浸泡片刻，倒入苹果醋，放入冰箱内冷藏3小时，食用时可将梨片捞出，装盘，放薄荷点缀即可。

芝麻拌牛蒡丝

烹饪方法：**拌**　适宜人数：**4**

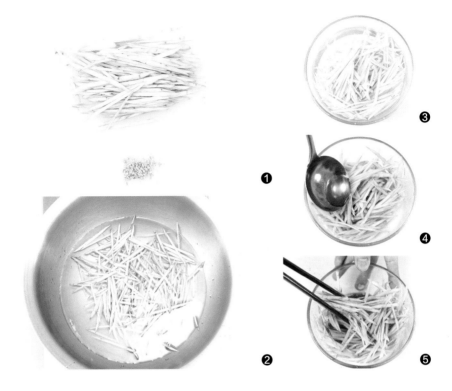

❸

❶

❹

❷

❺

材料

牛蒡1 根
白芝麻1 大匙

调料

生抽1大匙
香油1小匙
白醋半大匙
白砂糖适量
盐少许

做法

❶ 牛蒡洗净，去皮，切丝，泡水，备用。（图①）

❷ 锅置火上，放入白芝麻以小火炒香，备用。

❸ 锅中盛水，将水煮沸后加入牛蒡丝，焯烫后捞出，放入冰水中，泡凉，沥干，备用。（图②、图③）

❹ 将牛蒡丝与所有调料搅拌均匀，最后撒上炒香的白芝麻即可。（图④、图⑤）

美味有理

牛蒡焯烫时间不宜太长，还要掌握好生抽的用量，以色泽浅黄为佳。

姜汁拌芥蓝

烹饪方法：**拌**　适宜人数：**2**

宴客有道

这道菜色泽艳丽，清香脆嫩，咸鲜香甜。

材料

芥蓝150克

调料

香油1小匙
姜汁1大匙
盐、味精各适量
白砂糖少许

做法

① 芥蓝去根，洗净；姜汁装碗，备用。（图①）

② 刮去芥蓝根茎部的硬皮，切成长6厘米左右的段。（图②）

③ 将芥蓝放入沸水中焯烫片刻，捞出，沥水，装盘。（图③）

④ 在装有姜汁的小碗中加入其余调料拌匀，制成酱汁，然后浇在芥蓝上即可。（图④、图⑤）

 美味有理

芥蓝菜略带苦涩味，所以制作时加入少量白砂糖，可以改善口感。

焢肉

烹饪方法：卤　适宜人数：4

材料

猪五花肉600克
红椒丝少许
蒜末适量

调料

酱油3大匙
大料2粒
醪糟2大匙
冰糖适量
桂皮少许

做法

❶ 猪五花肉洗净，切块，备用。（图①）

❷ 将猪五花肉块入沸水锅中汆烫约20分钟，捞出，泡凉，沥干水。（图②）

❸ 油锅烧热，放入蒜末、大料爆香，然后加适量清水、醪糟和桂皮煮沸，放入酱油和冰糖，煮至冰糖溶化即成卤汁。

❹ 净锅置火上，倒入卤汁煮沸，放入猪五花肉块，小火卤煮约1小时；再焖约1小时，捞出，装盘，撒红椒丝即可。（图③）

红油芝麻鸡

烹饪方法：**拌**　适宜人数：**3**

材料

鸡肉500克
芹菜叶适量
白芝麻、红辣椒
圈各少许

调料

盐1小匙
料酒1小匙
辣椒酱、红油各
适量

- -

做法

❶ 鸡肉洗净，斩块，用盐腌渍片刻；芹菜
叶洗净，备用。（图①）

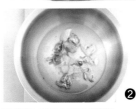

❷ 锅内注入凉水，放入鸡块，加料酒，大
火煮沸，转小火焖熟，装盘。（图②）

❸ 油锅烧热，将剩余调料及白芝麻入锅
做成味汁，浇在鸡肉上，用芹菜叶、
白芝麻、红辣椒圈点缀即可。（图③、
图④）

钵钵鸡

烹饪方法：拌　适宜人数：4

宴客有道
这道菜鲜香滑嫩，微辣香甜，咸鲜美味。

材料

鸡1只

调料

油辣椒50克
熟芝麻20克
红油3大匙
盐2小匙
花椒粉1小匙
白砂糖1大匙
鸡精少许

做法

① 鸡处理干净，放入沸水中氽烫至熟，捞出，放凉。（图①、图②）

② 将所有调料放在碗中搅拌均匀，制成调味汁。（图③）

③ 待鸡放凉后，去掉骨头，切成条状，码放在盘子中。（图④）

④ 将制好的调味汁均匀地淋在鸡肉上即可。（图⑤）

 美味有理

钵钵鸡成品色泽应该是红白相间、油亮，所以调味时不应放老抽，以免损害鸡肉的色泽。

柠香凉拌薄荷鸡丝

烹饪方法：**拌**　适宜人数：**2**

宴客有道

这道菜口感独特，香辣可口，佐酒、下饭均可，开胃生津。

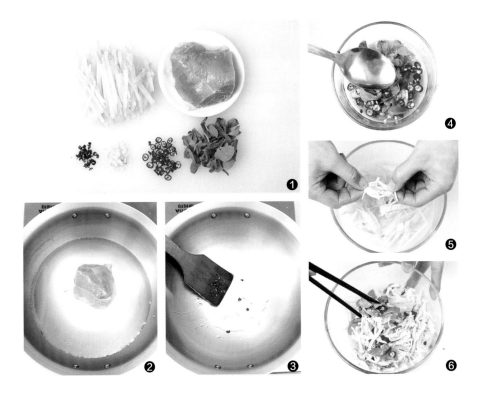

材料

鸡胸肉1块
薄荷叶60克
青笋50克
小红辣椒2个
蒜2瓣

调料

生抽1大匙
红烧酱油2小匙
柠檬汁4小匙
白砂糖1小匙
香油适量
盐半小匙
胡椒粉、花椒各
少许

做法

❶ 鸡胸肉洗净；青笋切丝；小红辣椒切圈；蒜切碎；薄荷叶择洗干净。（图①）

❷ 鸡胸肉放入沸水中煮熟，浸凉，手撕成细丝。（图②）

❸ 油锅烧热，加入花椒煸香，捞去花椒，将油装碗，调入所有调料，加入小红辣椒圈、薄荷叶、蒜碎拌匀，调制成酱汁。（图③、图④）

❹ 将鸡丝、青笋丝装入碗中，浇上酱汁拌匀即可。（图⑤、图⑥）

美味有理

从调味料可以看出，这道菜酸爽可口。柠檬的香味加上薄荷的清凉，一定会让你胃口大开。

酱卤鸭肠

烹饪方法：卤　适宜人数：4

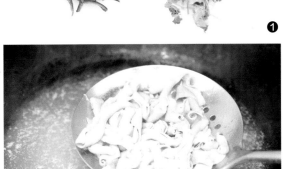

材料

鸭肠500克
红辣椒丝20克
香菜段30克
蒜蓉10克

调料

白砂糖1大匙
鸡精1小匙
老汤1000毫升
酱料包1个
盐少许
辣椒油适量

做法

❶ 鸭肠去除杂质，用清水洗净，切小段；其余材料均洗净，备齐。（图①）

❷ 将鸭肠段放入沸水锅中略汆烫一下，捞出，过凉，沥干水。（图②）

❸ 净锅置火上，放入酱料包、老汤、盐、鸡精、白砂糖和少许水烧开，即成酱汁。（图③）

❹ 放入鸭肠段，大火烧开，转小火卤半个小时至熟透，捞出，沥干。（图④）

❺ 将鸭肠段放入大碗中，加入红辣椒丝、香菜段、辣椒油、蒜蓉拌匀后装盘即可。（图⑤）

卤鸭翅

材料

鸭翅400克

调料

冰镇卤汁（市售）适量
香油1小匙

❶

❷

❸

❹

做法

❶ 鸭翅处理干净，备用。（图①）

❷ 将鸭翅放入沸水锅中略余烫一下，捞出，过凉，沥干水。（图②）

❸ 净锅置火上，放入冰镇卤汁和鸭翅，大火煮沸，转小火煮至熟透。（图③）

❹ 关火，焖泡半个小时，捞出，沥干水，装盘，淋上香油即可。（图④）

 美味有理

将鸭翅煮熟后再浸泡，可以使其更容易入味。

第二章

喷香热菜

热菜是宴客中的"大菜",其做法多样、选材丰富,
是餐桌上一道亮丽的风景线。

双椒炒青笋

烹饪方法：炒　　适宜人数：4

宴客有道

这道菜咸鲜微辣，质地脆嫩，泡椒味浓郁。

材料

青笋500克
姜、蒜各适量
葱少许

调料

泡椒20克
野山椒15克
料酒2小匙
盐半小匙
香油1小匙
味精少许

做法

① 青笋去皮，清洗干净，切成菱形片，放入盆中，加盐拌匀，静置5分钟，捞出，沥干；泡椒去蒂及籽，切成菱形片；野山椒去蒂，切成粒；姜、蒜去皮，洗净，切片；葱洗净，取葱白，切成菱形片。（图①）

② 油锅烧至六成热，放入泡椒片、野山椒粒、姜片、蒜片、葱片炒香。（图②、图③）

③ 放入青笋片，加盐、料酒、味精、香油翻炒均匀，起锅盛入盘中即可。（图④、图⑤）

美味有理

　　青笋切成片状，在烹调时，能较快地吸收调味汁的色泽和滋味，可使菜肴口感爽脆滑润。

烹饪方法：**炒**　适宜人数：**2**

香辣芦笋

①

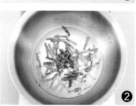
②

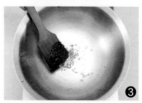
③

④

材料

芦笋尖200克
姜末30克
蒜末20克
葱花2大匙

调料

香辣酱2大匙
盐半小匙
香油2小匙
味精少许

- -

做法

① 芦笋尖洗净，切成大小合适的段，放入
沸水中焯烫至断生。（图①、图②）

② 油锅烧至五成热，下香辣酱、姜末、
蒜末炒香出色，迅速下入芦笋尖段、
盐炒至断生，加入葱花、味精继续炒至
菜熟，淋入香油炒匀，起锅即成。（图
③、图④）

 美味有理

制作这道菜时选用芦笋尖，这样烹饪
时间会短一些，而且口感更清脆。

白果炒芦笋

烹饪方法：**炒**　适宜人数：2

材料

芦笋200克
鸿禧菇30克
白果50克
姜丝少许
辣椒丝适量

调料

盐1小匙
香菇粉半小匙
白砂糖适量
白胡椒粉少许

❶

做法

❶ 芦笋去皮，洗净，切段；鸿禧菇洗净；白果放入沸水中焯烫一下，捞出，沥干，备用。（图①、图②）

❷ 油锅烧热，加入姜丝、辣椒丝爆香，再放入处理好的芦笋段、鸿禧菇翻炒一下。（图③）

❸ 放入白果和所有调料，翻炒入味即可。（图④）

煳辣玉笋

烹饪方法：炒　适宜人数：2

宴客有道

这道菜酸爽清脆，口
感麻辣香浓，不失为一道
宴客佳品。

材料

玉米笋300克

调料

干辣椒段25克
白砂糖各半小匙
盐、白醋各1小匙
鲜汤2大匙
水淀粉2小匙
花椒少许
味精适量

做法

① 玉米笋切成菱形段，放入沸水锅中焯烫至断生，捞出，沥水。（图①、图②）

② 盐、味精、白砂糖、白醋、鲜汤、水淀粉放入碗中调匀成味汁。（图③）

③ 油锅烧至六成热，放入干辣椒段、花椒，炒至辣椒呈棕红色，放入玉米笋段炝味，烹入味汁，待收汁亮油时，起锅装盘即可。（图④、图⑤）

美味有理

　　玉米笋选大小均匀的较好。下干辣椒时，注意色泽变化，以便成菜更容易入味。

鱼酱烧茄子

烹饪方法：**烧**　适宜人数：**3**

宴客有道

这道菜成品色泽酱红，茄子酥烂，鲜咸酸辣，开胃下饭。

材料

茄子450克
红辣椒10克
葱花少许
蒜末适量

调料

泰式辣鱼酱1大匙
鲜汤半碗
白砂糖2小匙
香油1小匙
老抽半小匙
味精、胡椒粉各
少许
水淀粉、盐各
适量

做法

① 将茄子去柄，洗净，削去皮，切成5厘米长、1.5厘米粗的条；红辣椒去蒂及籽，切成3厘米长的菱形片。（图①、图②）

② 油锅烧至五成热，下入茄条炸成淡黄色，捞出，沥油。（图③）

③ 锅留底油烧热，下入泰式辣鱼酱、蒜末、红辣椒片炒出红油，加入盐、味精、胡椒粉、白砂糖、老抽、鲜汤烧沸。（图④、图⑤）

④ 下入茄条烧至入味，用水淀粉勾薄芡，淋入香油，出锅前撒上葱花即可。（图⑥）

烹饪方法：**煎** 适宜人数：**3**

素煎茄片

❶

❷

③

❹

材料

长茄子片400克
鸡蛋（取蛋黄）1个
蒜泥适量
薄荷叶少许

调料

盐1小匙
老抽半大匙
面粉适量
香油少许

做法

❶ 将鸡蛋黄、面粉、水、盐放入碗中，搅拌均匀调成汁，放入茄子片，裹上调好的鸡蛋汁。（图①、图②）

❷ 茄子片放入热油锅中煎至两面金黄，盛出，点缀上薄荷叶。（图③）

❸ 在碗内加入蒜泥、老抽、香油调成蒜泥汁。用炸好的茄片蘸着调好的味汁食用即可。（图④）

烹饪方法：**炒**　适宜人数：2

材料

黄豆芽300克
红椒30克
蒜苗适量
葱、姜各少许

调料

醋1大匙
料酒1小匙
盐半大匙
味精少许
花椒、香油各适量

❶

做法

❶ 黄豆芽洗净；红椒洗净，切丝；蒜苗洗净，切段；葱切末；姜切丝，备用。（图①）

❷ 油锅烧热，放入花椒、葱末、姜丝爆香，再放入黄豆芽，烹入料酒、醋略翻炒，然后放入蒜苗段、红椒丝煸炒至蒜苗断生，加盐、味精翻炒均匀，最后加香油调味即可。（图②~图④）

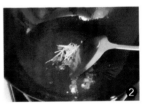

蟹黄玉米

烹饪方法：炒　适宜人数：3

材料

玉米300克
蟹黄100克

调料

盐半小匙
清汤50毫升
味精适量
胡椒粉少许

做法

❶ 玉米洗净，沥干水；蟹黄用刀剁成末。（图①、图②）

❷ 油锅烧至六七成热，下入玉米迅速翻炒均匀，在闻到玉米的清香后装盘。（图③）

❸ 锅留底油，烧至四成热，下入蟹黄，转小火炒散、炒香，下入玉米、清汤、胡椒粉、盐、味精翻炒均匀，出香后起锅装盘即可。（图④、图⑤）

美味有理

蟹黄香浓，可谓鲜中之珍，如果以姜末、香醋佐食，鲜味更甚。

干炸菜花

烹饪方法：**炸**　适宜人数：2

宴客有道
这道菜味厚不燥，家常风味，别具一格。

材料

菜花200克
鸡蛋1个

调料

牛奶2大匙
面粉1大匙
黄油半大匙
盐适量
胡椒粉少许

做法

❶ 菜花洗净，切成小朵；鸡蛋打散，倒入盛面粉的碗中。（图①）

❷ 面粉碗中加入牛奶、黄油，搅拌均匀，做成面糊。（图②、图③）

❸ 将菜花朵、盐放入面糊中，拌匀。（图④）

❹ 油锅烧热，放入蘸匀面糊的菜花朵炸至金黄色，捞出，沥油，撒上胡椒粉，装盘即可。（图⑤、图⑥）

 美味有理

将菜花泡在淡盐水中可以分解其表面的农药残留物，使食物更健康。

怪味油菜心

材料

油菜500克
葱、姜各少许
蒜末适量

调料

豆瓣酱1大匙
白砂糖2小匙
味精1小匙
老抽、醋各少许
盐、淀粉各适量

做法

❶ 油菜洗净，切段；葱、姜分别切末；豆瓣酱剁细，备用。（图①）

❷ 盐、味精、老抽、醋、白砂糖、淀粉放入碗中，搅拌均匀，成料汁。

❸ 油锅烧热，放入油菜段，翻炒片刻，盛出装盘，备用。（图②）

❹ 油锅烧热，放入葱末、姜末、蒜末、豆瓣酱，翻炒出红油，倒入料汁，炒匀，淋在油菜段上即可。（图③、图④）

烹饪方法：**炒**　适宜人数：**2**

西红柿炒鸡蛋

材料

鸡蛋3个
西红柿150克

调料

水淀粉1大匙
白砂糖1小匙
料酒1小匙
香油、味精各半大匙
淀粉、醋各适量
盐、胡椒粉各少许

❶

2

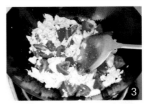

3

4

做法

❶ 鸡蛋磕入碗中，放入淀粉、部分盐搅打
成蛋糊；西红柿洗净，切小块，备用。
（图①）

❷ 油锅烧热，放入蛋糊，煎至定型后搅
散。（图②）

❸ 放入西红柿块，调入剩余盐、料酒、
醋、白砂糖、胡椒粉、味精，翻炒至
入味，加水淀粉勾芡，滴入香油即可。
（图③、图④）

泡椒香菇片

烹饪方法：炒　　适宜人数：3

宴客有道

这道菜香菇味美鲜香，泡椒味浓郁，不妨在客人来访时一展身手。

材料

鲜香菇400克
姜、葱花各少许
蒜2瓣

调料

鲜汤半碗
香油1小匙
泡椒50克
盐半大匙
味精少许

做法

❶ 泡椒去籽及蒂，切成菱形；姜洗净，切片；蒜去皮，洗净，切片；香菇去根部，清洗干净，斜刀切成片。（图①、图②）

❷ 油锅烧至四成热，下泡辣椒片、姜片、蒜片、葱花炒香。（图③）

❸ 加入香菇片稍炒，烹入鲜汤，加盐、味精、香油，翻炒均匀，起锅装盘即可。（图④、图⑤）

 美味有理

　　香菇应选新鲜、大小均匀的，并且在炒制时火力不宜过大，以免影响成菜口感。

烹饪方法：卤　适宜人数：2

香油卤香菇

材料

香菇250克

调料

老抽、盐各1小匙
味精半小匙
白砂糖2小匙
香油2大匙
卤汁适量

做法

1. 香菇剪去根，洗净，放在碗内，加清水，上笼蒸透，取出。（图①）

2. 将蒸熟的香菇加卤汁一起倒入锅内。（图②）

3. 加老抽、盐、白砂糖、味精烧透，大火收浓卤汁。（图③）

4. 淋入香油，拌匀，起锅放凉，装盘即可。（图④）

烹饪方法：**炒**　适宜人数：**4**

炝炒牛肝菌

材料

牛肝菌片450克
葱适量

调料

盐2小匙
干辣椒3个
素高汤1碗
花椒少许
味精适量

❶

做法

❶ 将牛肚菌洗干净；干辣椒切段；葱切
　末。（图①）

❷

❷ 锅置火上，加入素高汤，调入1小匙
　盐，再放入牛肝菌片煨至入味后捞出，
　沥干。（图②）

❸

❸ 油锅烧热，加入花椒、干辣椒段爆香，
　放入牛肝菌片，再调入剩余调料翻炒均
　匀，撒上葱末即可。（图③、图④）

❹

辣炒魔芋杏鲍菇

烹饪方法：**炒**　　适宜人数：**3**

宴客有道
　这道菜将魔芋与杏鲍菇相配，别具风味。成菜清香可口，佐酒、下饭均宜。

材料

魔芋250克
杏鲍菇半根
葱花少许
蒜末适量

调料

剁椒适量
盐1小匙

做法

① 杏鲍菇洗净，切小块；魔芋洗净，放入锅里焯烫2分钟，捞出，沥干，切块，备用。备好其他食材。（图①）

② 油锅烧热，将杏鲍菇块入锅煸炒至稍有点干，盛出。（图②）

③ 锅留底油烧热，爆香蒜末和部分葱花，然后放入剁椒一起煸香，炒至剁椒出红油，放入魔芋块翻炒几下，然后放入煸过的杏鲍菇块一起翻炒，最后放剩余的葱花和盐即可。（图③~图⑤）

 美味有理

杏鲍菇在煸炒之前一定要沥干，以免溅油；可适当地加少许水，以免魔芋粘锅。

果味鸡丁

烹饪方法：**炒**　适宜人数：**2**

宴客有道

这道菜肉质细嫩，咸甜可口，果香味浓郁，适合宴客时选用。

材料

鸡胸肉200克
菠萝1/4个
苹果半个
草莓2个
姜片适量
葱段少许

调料

盐半小匙
白砂糖1小匙
料酒1大匙
水淀粉2小匙
松肉粉少许
鲜汤50毫升

做法

❶ 鸡胸肉洗净，切成丁，放入碗中，加松肉粉、料酒、姜片、葱段，腌渍15分钟，用1小匙水淀粉和匀。（图①、图②）

❷ 菠萝洗净，切成小丁；苹果洗净，切成约1.2厘米宽的丁；草莓去蒂，对半切开。（图③）

❸ 盐、白砂糖、鲜汤、剩余水淀粉放入调料碗中，调匀成味汁。（图④）

❹ 油锅烧至四成热，放入鸡丁滑散至熟，倒入菠萝丁、苹果丁、草莓块翻炒均匀，烹入味汁，收汁亮油，起锅装入盘中即可。（图⑤）

提子糖醋鸡丁

宴客有道

这道菜咸鲜细嫩，甜酸适中，点缀美观大方。

材料

提子100克
鸡脯肉300克
广柑1个
泡椒段适量
葱白少许

调料

姜葱汁2小匙
白砂糖1小匙
香油半小匙
盐半小匙
白醋1大匙
水淀粉2大匙
胡椒粉少许
高汤50毫升
味精适量

做法

① 提子洗净，对剖；广柑洗净，切小半圆片。
（图①、图②）

② 鸡肉切成丁，拌上盐、姜葱汁、少许水淀粉，
腌渍片刻。（图③）

③ 将白砂糖、白醋、胡椒粉、味精、剩余水淀
粉、高汤调成味汁。（图④）

④ 油锅烧至五成热，下鸡丁炒散，加入葱白、提
子合炒至断生，烹入味汁，收汁后，再放泡椒
段、香油炒匀，装盘即可。（图⑤、图⑥）

 **美味有理**

做这道菜时应先炒鸡丁，然后再放提子，收汁
不宜太浓。

双椒豉香鸭掌

烹饪方法：炒

适宜人数：3

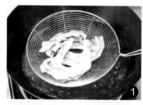

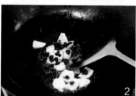

材料

净鸭掌500克
青椒块60克
红椒块50克
洋葱块适量

调料

胡椒粉1小匙、
蚝油1小匙
豆豉、料酒各1大匙
水淀粉、盐各适量
白砂糖少许

做法

❶ 锅置火上，放入适量水煮沸后放入鸭掌煮熟，捞出，过凉，去老皮。（图①）

❷ 油锅烧热，放入洋葱块、豆豉炒香。（图②）

❸ 放入鸭掌、青椒块、红椒块、料酒略翻炒。（图③）

❹ 调入剩余调料，翻炒至入味，用水淀粉勾芡即可。（图④）

干煸鸭舌

烹饪方法：煸　适宜人数：3

材料

鸭舌400克
熟白芝麻少许
葱末、姜末各适量

调料

盐、味精各1小匙
料酒、香油各1大匙
大料、淀粉各适量
花椒少许

做法

❶ 鸭舌洗净，去软骨，备用。（图①）

❷ 鸭舌放入碗中，加料酒、淀粉、盐抓匀腌渍20分钟，下入热油锅中炸至金黄色，捞出，沥油，备用。（图②）

❸ 锅底留油，烧热后爆香花椒、大料、香油、姜末，然后放入鸭舌煸炒出香，再加味精炒匀，最后撒上熟白芝麻、葱末即可。（图③、图④）

鱼香肉丝

烹饪方法：**炒**　适宜人数：**2**

宴客有道
这道菜色泽红亮，
肉丝油亮，味酸甜微辣，
姜、葱、蒜味突出。

材料

猪瘦肉200克
水发黑木耳40克
水发玉兰片50克
蒜末20克
姜末适量
泡红辣椒30克
葱花少许

调料

盐、料酒各1小匙
醋2小匙
白砂糖1大匙
老抽1大匙
水淀粉2大匙
味精少许
鲜汤半碗

做法

❶ 泡红辣椒剁成细末；水发黑木耳、水发玉兰片均切成细丝；将猪肉切成丝。（图①、图②）

❷ 在切好的肉丝中放入料酒、盐、水淀粉拌匀，腌渍片刻。（图③）

❸ 将剩余调料放入小碗中，制成调味汁。（图④）

❹ 油锅烧热，下肉丝快速炒散，放入泡红辣椒末、姜末、蒜末炒香，加入玉兰片丝、黑木耳丝，加入调好的味汁，大火收汁，最后撒上葱花，出锅装盘即可。（图⑤、图⑥）

美味有理

做这道菜时糖醋比例要恰当，一般是1比1，芡汁的浓度要适当。

苹果炒肉丁

烹饪方法：炒　适宜人数：2

材料

猪里脊肉300克
苹果2个
葱花适量
姜、蒜末各10克

调料

老抽1小匙
料酒1大匙
盐半小匙
水淀粉5小匙
冷鲜汤2大匙
白砂糖2小匙
味精少许

做法

❶ 猪里脊肉洗净，切成丁，用少许盐、料酒、少许姜和少许葱花腌渍10分钟；苹果洗净，切成丁，放入淡盐水中浸泡片刻。（图①、图②）

❷ 取一小碗，加入剩余盐及味精、白砂糖、老抽、水淀粉、冷鲜汤调成味汁，备用。（图③）

❸ 油锅烧热，放入肉丁滑炒至变色，放入剩余姜、蒜末、葱花炒香，倒入味汁，再下苹果丁迅速翻炒均匀，收汁起锅即可。（图④、图⑤）

 美味有理

　　肉丁上浆要均匀，滑油油温在六成热左右；苹果加热时间不可太长；味汁用量要稍多一些，在炒好味汁后迅速将肉丁、苹果丁下入，翻炒均匀即可。

酥脆里脊

烹饪方法：炒　适宜人数：3

材料

猪里脊肉片500克
鸡蛋1个

调料

胡椒粉1小匙
盐1大匙
白酒适量
面包糠少许

①

②

③

做法

① 鸡蛋磕入碗中，打散，备用。（图①）

② 猪里脊肉片放入蛋液碗中，加盐、胡椒粉、白酒搅拌均匀，腌渍20分钟，然后蘸上面包糠。（图②）

③ 油锅烧热，放入猪里脊肉片，炸至表面金黄，肉熟透即可。（图③）

 美味有理

可以考虑炸两次，期间冷却一次，两次入油锅可使成菜色泽更好。

五香猪蹄

材料

猪蹄块500克
葱段、姜片、蒜
瓣各适量
薄荷叶少许

调料

大料、白芷各少许
盐、料酒各1小匙
冰糖适量
老抽少许

做法

❶ 锅中加适量清水和料酒，放入猪蹄块，
煮6分钟后捞出，刮洗干净。（图①）

❷ 净锅置火上，加适量清水，放入老抽、
料酒、白芷、大料和盐，倒入猪蹄块，
大火煮沸后转小火，煮1小时左右，煮
至汤汁收少。（图②）

❸ 放入冰糖煮至溶化，再放入葱段、姜片、
蒜瓣，大火翻炒至猪蹄块上色并收汁，
盛出，点缀上薄荷叶即可。（图③）

金牌蒜香骨

烹饪方法：炸　　适宜人数：4

宴客有道
这道菜口味创新，排骨酥软，味鲜香浓，色泽美观。

材料

猪排1000克
蒜末5小匙
葱末、姜末各适量

调料

椒盐1大匙
料酒1小匙
盐、味精各适量
辣椒粉、五香粉各
少许

做法

❶ 将猪排洗净剁成块，把葱末、姜末、蒜末和
五香粉、料酒、盐、味精一起放入大碗中拌
匀，将排骨块放入碗中腌渍30分钟。（图①、
图②）

❷ 油锅烧至五成热时下腌好的猪排骨块，烧至八
成热时，将火关小炸3分钟，再开大火将油温升
高。（图③、图④）

❸ 排骨块炸成金黄色时捞出，装盘，同时可以在
排骨上撒椒盐和辣椒粉调味。（图⑤）

 **美味有理**

　　腌渍排骨时多放蒜末可以提香去腥、杀菌驱
虫、增加食欲。

虾皮红烧肉

烹饪方法：**红烧**　适宜人数：2

材料

猪五花肉350克
虾皮150克
芽菜75克
姜片适量

调料

料酒1大匙
冰糖1小匙
鲜汤750毫升
味精少许
五香料适量

做法

❶ 五花肉洗干净，切成2.5厘米宽的块，放入沸水锅余烫去血水；芽菜洗净，切末。（图①、图②）

❷ 油锅烧至五成热，放入五花肉块、姜片爆炒至出油时，烹入料酒，下冰糖合炒。（图③、图④）

❸ 上色后倒入鲜汤，下芽菜末、五香料，改小火烧焖至入味，加味精、虾皮起锅装盘。（图⑤、图⑥）

美味有理

　　烧肉时多带些汤汁，便于浇在虾皮上；上菜速度要快，以保持菜肴的风味特色。

酱汁肝片

材料

猪肝500克
葱末、姜末、蒜末
各适量
香菜叶少许

调料

料酒2大匙
豆瓣酱1大匙
淀粉、醋各1小匙
盐、白砂糖各适量
老抽少许

做法

❶ 猪肝洗净，放入盐水中浸泡1.5小时。（图①）

❷ 猪肝捞出，切薄片，加料酒、淀粉抓匀，腌渍20分钟；醋、白砂糖、老抽、盐放入碗中，搅拌均匀，成料汁。（图②、图③）

❸ 油锅烧至七成热，放入猪肝片大火快炒，再放入豆瓣酱、葱末、姜末、蒜末，炒至猪肝九成熟，倒入料汁翻炒均匀，盛出，点缀上香菜叶即可。（图④）

辣炒腰花

烹饪方法：**炒**　适宜人数：**3**

材料

猪腰500克
青椒块150克
姜片、蒜片各适量

调料

盐少许
生抽1小匙
蚝油1大匙
料酒适量

❶

做法

❶ 猪腰洗净，剞花刀，切块。（图①）

❷ 油锅烧热，放入腰花块，翻炒片刻，烹入料酒，加部分盐翻炒均匀，盛出，备用。（图②）

❸ 另起油锅烧热，炒香青椒块、姜片、蒜片，放入剩余的盐和炒好的猪腰花块，翻炒均匀后调入生抽，放入蚝油，略翻炒即可。（图③、图④）

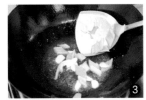

椒酱炒牛肉丝

烹饪方法：炒　适宜人数：2

宴客有道

这道菜肉嫩辣香，咸鲜适口，是一款宴客的特色菜肴。

材料

牛里脊肉300克
葱丝80克
姜丝10克

调料

山椒酱2大匙
料酒4大匙
蒜泥4小匙
红油1大匙
香油1小匙
味精半小匙
水淀粉适量
盐少许

做法

❶ 牛里脊肉去筋，切成长10厘米、宽0.3厘米的丝，拌上盐、部分料酒、水淀粉腌渍片刻，备用。（图①、图②）

❷ 将剩余料酒、盐、味精、水淀粉、蒜泥调成味汁。（图③）

❸ 油锅烧至五成热，下牛肉丝滑炒，再下姜丝、山椒酱，炒至断生，调入味汁，收汁后，淋上红油、香油，起锅，撒上葱丝即可。（图④、图⑤）

 美味有理

牛里脊切丝时一定要均匀，不要出现粘连。

干煸牛肉丝

烹饪方法：煸　　适宜人数：3

材料

牛肉400克
芹菜70克
姜丝少许

调料

料酒1大匙
盐半大匙
红油1小匙
老抽、醋各2小匙
郫县豆瓣3大匙
花椒粉、香油各
适量
味精少许

做法

❶ 将牛肉去筋，横切成长10厘米，宽0.3厘米的丝；芹菜切成3厘米长的段；豆瓣剁细，备用。（图①、图②）

❷ 油锅烧至五六成热，放入牛肉丝反复煸炒，炒至牛肉丝散时，加入姜丝、盐、豆瓣继续煸炒；煸至牛肉将熟时，下料酒、老抽、芹菜段炒至断生，加入味精、红油、醋、香油炒匀，起锅装盘，撒上花椒粉即可。（图③～图⑤）

 **美味有理**

干煸时所用的锅要在炒菜前先烧热，用油涮一下，再留些底油炒。火力要先大后小，以免把材料炒焦煳。

香烤牛柳

❶

❷

❸

材料

牛柳500克
香菜叶适量

调料

白砂糖1小匙
黑胡椒粉少许
生抽适量

- -

做法

❶ 牛柳洗净，切条，放入碗中，加白砂糖、黑胡椒粉、生抽搅拌均匀，覆上保鲜膜，放入冰箱中腌渍3小时后取出，备用。（图①、图②）

❷ 将烤盘铺上锡纸，然后放上腌渍好的牛肉条。（图③）

❸ 烤箱预热至150℃，将烤盘放入中层，烤15分钟至熟，取出，点缀上香菜叶即可。（图④）

素炒牛柳

材料

牛柳片300克
芥蓝150克
姜片适量

调料

水淀粉2大匙
老抽1小匙
料酒1大匙
白砂糖少许
淀粉适量

做法

① 芥蓝洗净，切斜段，放入沸水中焯烫后捞出，过凉。（图①）

② 将牛柳片放入碗中，加淀粉、部分料酒、老抽抓匀，腌渍15分钟，放入热油锅中滑熟，盛出，沥油，备用。（图②）

③ 另起油锅烧热，爆香姜片，然后放入芥蓝段翻炒片刻，再放入牛柳片、白砂糖、剩余料酒略炒，最后加水淀粉勾芡即可。（图③、图④）

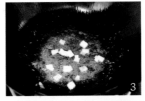

双椒环喉

烹饪方法：炒　适宜人数：2

材料

牛环喉200克
青椒50克
甜椒50克
葱白段10克
姜、蒜各适量

调料

盐1大匙
味精半小匙
料酒1小匙
水淀粉2小匙
鲜汤3大匙
胡椒粉少许

做法

❶ 环喉洗净，剞十字花刀，切成长约6厘米的块；青椒、甜椒去籽及蒂，清洗干净，切条；姜、蒜去皮，洗净，切成片。（图①、图②）

❷ 将盐、味精、料酒、胡椒粉、水淀粉、鲜汤放入小碗中，调匀成味汁。（图③）

❸ 油锅烧至四成热，放入葱白段、姜片、蒜片爆香，加入青椒条、甜椒条炒至断生。（图④）

❹ 随后放入环喉块，烹入味汁，大火收汁，起锅装盘即可。（图⑤、图⑥）

美味有理

环喉下锅时间不宜过长，以免变绵软影响口感。炒制时，注意火候。水淀粉和鲜汤应适量。

桂花羊肉

烹饪方法：**炒**　适宜人数：**3**

宴客有道

这款菜色泽金黄，质地细嫩，形如桂花，让人胃口大开。

材料

羊里脊肉250克
鸡蛋2个

调料

盐1小匙
香油2小匙
水淀粉2大匙
味精半小匙
胡椒粉、淀粉各
少许
料酒适量

做法

❶ 将羊里脊肉切成长10厘米、宽0.3厘米的丝，加
入水淀粉、盐、料酒、胡椒粉、淀粉拌匀，备
用；鸡蛋打入碗中加盐搅匀，备用。（图①、
图②）

❷ 油锅烧至六成热，下羊肉丝炒散，拨在锅的左
边。（图③、图④）

❸ 锅中下入蛋液快速炒散，再和羊肉丝炒匀，放
入味精、香油炒匀，起锅装盘即可。（图⑤、
图⑥）

美味有理

　　这道菜在炒制时动作要快，快速成菜口感才
嫩香。

素炒羊肉

材料

羊肉200克
葱、姜各15克
蒜适量
香菜叶少许

调料

白砂糖、盐各1小匙
醋、料酒各2大匙
老抽半大匙
白胡椒粉适量
味精少许

❶

❷

③

④

做法

❶ 羊肉洗净，切片；葱、姜分别切丝；蒜去皮，切末，备用。（图①）

❷ 羊肉片放入碗中，加白砂糖、白胡椒粉、老抽、料酒、味精抓匀，腌渍6分钟，备用。（图②）

❸ 油锅烧热，放入腌渍好的羊肉片，快炒至羊肉变色，然后放入葱丝、姜丝、蒜末，再调入醋，最后加盐翻炒至入味，撒上香菜叶即可。（图③、图④）

鸡蛋炒羊肉

材料

熟羊肉300克
鸡蛋3个
洋葱丁50克
胡萝卜丁30克
香菜叶少许

材料

盐1小匙
白胡椒粉适量
醋1大匙
香油少许

做法

❶ 熟羊肉切成小方块；鸡蛋打入碗内搅
　匀，备用。（图①）

❷ 油锅烧热，下入洋葱丁、胡萝卜丁、熟
　羊肉块煸炒，调入醋，再加入盐、白胡
　椒粉。（图②）

❸ 待羊肉块炒至入味，下入鸡蛋液迅速翻
　炒均匀。（图③）

❹ 炒至蛋液凝固后淋入香油，装盘后用香
　菜叶装饰即可。（图④）

韭菜薹炒羊肉

烹饪方法：**炒**　适宜人数：**2**

材料

羊肉200克
鲜韭菜薹100克
鸡蛋（取蛋清）
1个
马耳葱适量
泡红辣椒15克
姜丝10克

调料

淀粉2大匙
盐1小匙
味精半小匙
水淀粉适量
胡椒粉少许

做法

❶ 泡红辣椒切丝；韭菜薹洗净，切段；羊肉切成长10厘米、宽0.3厘米的丝，拌上部分盐、蛋清、淀粉，备用。（图①、图②）

❷ 将胡椒粉、盐、味精、水淀粉放入碗内调成味汁，备用。

❸ 油锅烧至五成热，下羊肉丝滑炒，放入马耳葱、姜丝、韭菜薹段翻炒片刻，再放泡红辣椒丝，淋入味汁，收汁起锅装盘即可。（图③～图⑤）

 美味有理

羊肉丝先滑油炒散，泡辣椒后入锅。

花羊肾

烹饪方法：**烧** 适宜人数：**3**

宴客有道
这款菜肾花细嫩，鲜香浓郁，是宴客大菜。

材料

鲜羊肾500克
嫩豌豆尖150克
泡红辣椒10克
蒜苗20克
姜末适量
蒜末少许

调料

盐1小匙
郫县豆瓣2大匙
味精半小匙
鲜汤100毫升
水淀粉1大匙
香油2小匙
胡椒粉少许

做法

① 豆瓣剁细；泡红辣椒去籽，洗净，切马耳朵形；蒜苗洗净，切马耳朵形；羊肾洗净，去筋膜，对剖成两半，打十字花刀，切成菊花状，用清水漂洗，备用。（图①、图②）

② 锅置火上，加清水烧开，将羊肾放入开水中汆烫片刻，翻成菊花状，备用。（图③）

③ 油锅烧至三成热时，放入豆瓣和泡红辣椒炒热，下姜末、蒜末炒出香味，下入汆熟的羊肾、蒜苗、香油炒匀，加入鲜汤烧开，放入胡椒粉、味精、盐调味。（图④）

④ 放入豌豆尖烧至断生，用水淀粉勾芡即可。（图⑤）

莴笋炒羊肝

烹饪方法：炒　适宜人数：3

材料

羊肝450克
莴笋80克
葱适量

调料

料酒2大匙
胡椒粉1大匙
花椒油1小匙
味精半小匙
盐、生抽各少许

- -

做法

① 羊肝洗净，切片；莴笋去皮，洗净，切片；葱切末，备用。（图①）

② 所有调料放入碗中，调拌成味汁，备用。（图②）

③ 油锅烧热，放入羊肝片翻炒片刻，然后放入莴笋片翻炒均匀，调入调味汁，翻炒至入味，最后撒入葱末即可。（图③、图④）

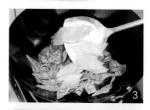

韭菜炒羊肝

烹饪方法：**炒** 适宜人数：**3**

材料

羊肝300克
韭菜200克

调料

盐1小匙
料酒适量
鸡精少许

做法

① 韭菜洗净，切段；羊肝去筋膜后洗净，切片。（图①）

①

② 将羊肝片放入沸水锅中汆烫透后捞出，沥干水。（图②）

2

③ 油锅烧热，放入羊肝片滑炒至半熟，放入料酒、韭菜段炒匀，最后用盐、鸡精调味即可。（图③）

3

 美味有理

羊肝不要立即烹调，而应先用自来水冲洗10分钟，然后再放入水中浸泡半个小时。

三色鱼丁

烹饪方法：烧　适宜人数：2

宴客有道

这款菜色彩多样，鱼
丁滑嫩，花生米脆香可口。

材料

净鱼肉250克
熟花生米50克
西红柿丁30克
熟黄瓜皮片60克
蛋清适量

调料

姜葱汁1大匙
盐半小匙
淀粉2大匙
水淀粉2小匙
胡椒粉少许
味精、汤各适量

做法

1. 将净鱼肉拍松，切丁，用少许盐、胡椒粉、蛋清和淀粉腌渍入味。（图①、图②）

2. 取一碗放入汤、剩余盐、胡椒粉、姜葱汁、味精、水淀粉调匀，制成调味汁。（图③）

3. 油锅烧至四成热，下入鱼丁滑散，下花生米、西红柿丁、黄瓜皮片，烹入调味汁，大火收汁后起锅装盘。（图④、图⑤）

美味有理

鱼丁要码匀入味，炒制时油温不宜过高。另外，还可变化原料，如用冬笋、青笋等配鱼丁。

苦瓜烧鳝鱼

烹饪方法：烧　　适宜人数：3

宴客有道
这款菜辣香咸鲜，略
有苦味，具有乡村风味。

材料

净鳝鱼300克
苦瓜100克
蒜末少许
姜末适量

调料

贵妃酱2大匙
蚝油2小匙
盐半小匙
鲜汤半碗
香油4小匙
味精少许

做法

① 苦瓜洗净，切成3厘米长的段；净鳝鱼肉洗净，切成5厘米长的段。（图①、图②）

② 油锅烧至六成热，下鳝鱼段炒至变色，再下贵妃酱、姜末、蒜末炒出香味。（图③、图④）

③ 加入适量鲜汤，下苦瓜段，烧开，撇去浮沫，加蚝油、盐，加盖烧熟，淋香油，放味精，翻匀出锅装盘即可。（图⑤、图⑥）

 美味有理

　　鳝鱼处理时，鱼骨要去除干净。另外，在烧制鳝鱼时要加盖焖烧，可使其更易入味。

芝麻脆鱼片

烹饪方法：炸、拌　适宜人数：2

①

②

③

④

材料

青鱼肉150克

调料

熟白芝麻适量
黄酒2小匙
白砂糖3大匙
盐1小匙
味精、辣椒粉各少许

做法

❶ 将青鱼肉洗净，切片。（图①）

❷ 鱼片放入碗中，加黄酒、盐腌渍片刻。
（图②）

❸ 油锅烧热，放入青鱼片炸脆，用漏勺捞
出，沥去油。（图③）

❹ 鱼片装碗，撒入辣椒粉、白砂糖、味精
拌匀，撒入熟白芝麻，搅拌均匀即可。
（图④）

芙蓉鱼片

烹饪方法：**烧**　适宜人数：3

材料

鱼片300克
鸡蛋（取蛋清）2个
香菜叶适量
薄荷叶少许

调料

盐1小匙
料酒1大匙
香油半小匙
水淀粉适量
味精少许

做法

❶ 油锅烧至三成热，将鱼片分多次连续地
　下入油锅，炸至鱼片呈白色后盛出。
　（图①）

❷ 锅内留油，放入打散的蛋清滑熟，再加
　盐、味精、料酒，用水淀粉勾成薄芡。
　（图②、图③）

❸ 倒入鱼片、香菜叶，再将鱼片轻轻地翻
　烧一会儿，然后将鱼片和蛋盛入盘中，
　淋上香油，最后撒薄荷叶装饰即可。
　（图④）

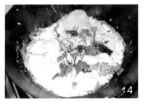

肺片烧鱼

烹饪方法：烧　适宜人数：4

宴客有道

这款菜色泽红亮，肉质细嫩，咸鲜带辣，味浓清香。

❶ ❷ ❸ ❹ ❺ ❻

材料

草鱼400克
熟肺片200克
酥花生仁末20克
葱片10克
蒜片少许
姜片少许
葱段适量

调料

老抽2小匙
料酒1小匙
水淀粉4小匙
味精、盐各少许
鲜汤250毫升
郫县豆瓣50克

做法

❶ 草鱼处理干净，去头尾，切成小块，用部分盐、料酒、姜片、葱段腌渍；郫县豆瓣剁细。（图①、图②）

❷ 油锅烧至六七成热，放鱼块炸至表面呈浅黄色时捞出。（图③）

❸ 锅留底油，放郫县豆瓣炒香出色，加剩余姜片、蒜片炒香；加鲜汤、料酒、盐、老抽、肺片、鱼块略烧，再放入葱片烧入味，将鱼块捞出，装盘，加入水淀粉勾芡；最后加味精炒匀，起锅装盘，撒上酥花生仁末即可。（图④~图⑥）

美味有理

炸鱼时油温要高，时间宜短，掌握好烧鱼的火候，以保持鱼肉细嫩。

烹饪方法：**炒**　适宜人数：**3**

鸡蛋炒虾

材料

虾200克
鸡蛋5个
葱2根
鸡蛋（取蛋清）1个
薄荷叶少许

调料

水淀粉2小匙
淀粉1小匙
盐半小匙

❶

❷

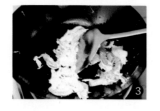
③

做法

❶ 将虾去虾线，洗净后擦干，拌入蛋清、淀粉、少许盐腌10分钟，过油，捞出。（图①）

❷ 将鸡蛋打散，葱洗净切碎后放入蛋液中，加入剩余盐、水淀粉调匀，备用。（图②）

❸ 油锅烧热，倒入虾和蛋液，炒至蛋液凝固时盛出，最后用薄荷叶点缀即可。（图③）

第三章

可口汤品

大鱼大肉过后，怎么能少得了一碗汤饮呢？经过主人
巧妙地搭配和精心地熬煮，其滋味真是妙不可言。

胡萝卜甘蔗荸荠汤

烹饪方法：煲　适宜人数：3

宴客有道
这款汤咸鲜可口，香味浓郁。

材料

胡萝卜100克
甘蔗适量
荸荠5粒

做法

1. 胡萝卜洗净，去皮，切块；甘蔗洗净，削皮，切段。（图①、图②）

2. 荸荠洗净，去蒂及根部，对半切开。（图③）

3. 锅中依次放入甘蔗段、胡萝卜块、荸荠块，加水后用大火煲滚，转小火煲2小时即可。（图④、图⑤）

 美味有理

　　甘蔗以刀背拍开，这样可增加汤的甘甜度，去皮或不去皆可。

青菜汤

烹饪方法：煮

适宜人数：4

材料

娃娃菜250克
胡萝卜丝100克
葱段适量
姜块少许

调料

料酒1大匙
盐1小匙
鸡汤1000毫升
味精少许

做法

❶ 将娃娃菜洗净并从中间剖开，把它切成长短一样的块，备用；准备好其他材料。（图①）

❷ 锅中加入清水，再下葱段、姜块烧开后将娃娃菜块放入，烧至六成熟时取出，沥干水，备用。（图②）

❸ 另起锅放入鸡汤、盐、味精、料酒，烧开后将娃娃菜、胡萝卜丝放入，再开锅即可。（图③）

木耳金针菇汤

材料

西红柿300克
净金针菇80克
黑木耳50克

调料

高汤2杯
香油1小匙
盐、味精各适量

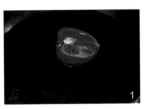

做法

❶ 西红柿放入沸水中略焯烫，捞出，去皮，切片；准备好其他材料。（图①、图②）

❷ 锅中加高汤烧沸，放入金针菇、黑木耳，烹入盐、味精，放西红柿片烧沸，出锅前淋香油即可。（图③、图④）

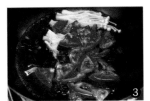

 美味有理

金针菇性寒，不宜生吃，宜在沸水中焯烫后烹调成各种熟食食用。

豆泡雪菜粉丝汤

烹饪方法：煮　适宜人数：2

宴客有道

这款汤咸鲜醇香，粉丝爽滑富有弹性。

材料

豆泡100克
雪菜50克
芹菜60克
粉丝40克
葱1根

调料

盐1小匙
麻油半小匙

做法

① 豆泡用热水浸1分钟，过凉，切丝。（图①）

② 粉丝用水浸软；芹菜洗净，切小粒；葱洗净，切粒。（图②、图③）

③ 雪菜用凉水浸1小时，用盐稍洗，冲净，沥干，切小段。（图④）

④ 锅中加水烧开，放入雪菜段及芹菜粒煮滚，再加入豆泡丝和粉丝煮滚，撒上葱花，加调料调味即可。（图⑤、图⑥）

 美味有理

　　雪菜富含膳食纤维，与芹菜搭配食用不仅口感清脆，而且可开胃消食。

粉丝节瓜蛋蓉汤

烹饪方法：炖　适宜人数：3

材料

节瓜1根
咸蛋（熟）1个
粉丝40克

调料

盐适量

做法

❶ 节瓜去硬皮，浅削部分青皮，洗净，切块；咸蛋剥去外壳；准备好其他材料。（图①）

❷ 咸蛋切粒；粉丝用水浸软，切段，备用。（图②、图③）

❸ 锅中加水烧沸，加少许油，放入节瓜块煮滚。（图④）

❹ 放入咸蛋粒、粉丝，略翻滚至节瓜变色，加盐调味即可。（图⑤、图⑥）

美味有理

节瓜口感清脆，在人们的日常生活中，无论是炒食，还是煲汤，都很受欢迎。

鸡蛋菠菜汤

烹饪方法：煮　适宜人数：4

宴客有道
这款汤色彩相间，口
感细嫩，最宜佐餐食用。

材料

菠菜160克
鸡蛋2个

调料

盐适量
白砂糖1小匙
胡椒粉少许
清鸡汤2杯

做法

① 准备好所有材料。

② 鸡蛋磕入碗内，加少许盐搅拌均匀。（图①）

③ 菠菜洗净，去根，切段，放入搅拌机内加1杯清鸡汤一起搅碎。（图②）

④ 锅中加入剩余清鸡汤及水烧开，加菠菜蓉。（图③）

⑤ 烧开后加盐、胡椒粉及白砂糖调味，拌入鸡蛋液搅匀即成。（图④、图⑤）

 美味有理

菠菜和鸡蛋都易熟，所以煮开锅即可，否则，菠菜煮久了颜色会变黑，鸡蛋会变老，影响口感。

蛋蓉苋菜羹

烹饪方法：煮　适宜人数：4

宴客有道
这款汤色泽淡雅，质嫩味鲜，佐餐食用风味俱佳，是宴客的一款佳品。

材料

苋菜600克
咸蛋（熟）1个
鸡蛋1个（打散）

调料

水淀粉适量

做法

❶ 苋菜洗净，切碎；咸蛋洗净，去壳切成粒，备用。（图①、图②）

❷ 锅中加水，烧沸后加少许油，放入苋菜碎煮半小时。（图③、图④）

❸ 将咸蛋粒倒入，烧开，边倒边搅入水淀粉，加盐调味。（图⑤）

❹ 最后倒入鸡蛋液，搅匀成蛋花，盛出食用即可。（图⑥）

 美味有理

　　倒入蛋液后先别搅动，等鸡蛋凝固后再搅动，否则蛋花就会被搅得太碎，影响口感。

美味五果汤羹

烹饪方法：煮　适宜人数：2

材料

桂圆80克
薏米50克
莲子少许
银耳、百合各适量

调料

冰糖适量

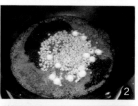

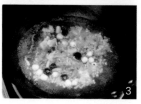

做法

❶ 将薏米、莲子在前一天晚上放入水中浸泡。（图①）

❷ 银耳泡发后撕成小朵，洗净；桂圆剥壳，取肉；百合掰开，洗净。

❸ 锅置火上，倒入1000毫升清水，将薏米、莲子放入锅内，大火煮沸后改小火慢煮2小时。（图②）

❹ 当薏米和莲子煮软后，加入银耳朵和百合，再煮30分钟，放入桂圆肉煮熟，最后放入冰糖搅匀即可。（图③）

水晶莲子羹

材料

莲子200克
琼脂80克

调料

冰糖100克
桂花30克

做法

1. 将莲子用清水泡发2小时，泡好后用竹签除去莲心，洗净，备用。（图①）

2. 锅置火上，倒入适量清水，将冰糖、桂花、琼脂一同放入锅内，大火煮沸，待冰糖、琼脂溶解后，再倒入莲子煮透。（图②、图③）

3. 将煮好的甜品放入碗内，冷却后放入冰箱冷藏2小时即可食用。

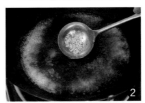

青菜虾仁汤

烹饪方法：煮　适宜人数：**4**

宴客有道
这款汤鲜香醇厚，口感上乘，家常味浓。

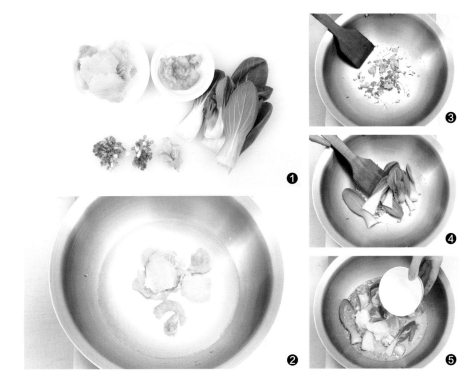

材料

鲜虾仁200克
鱼肉150克
油菜心80克
葱花、姜末各适量
香菜末少许

调料

水淀粉1大匙
盐1小匙
高汤半碗
味精适量
香油少许

做法

① 油菜心择洗干净；虾仁洗净；鱼肉洗净，切片；准备好其他材料。（图①）

② 虾仁滑油后捞出，与鱼片一起放入沸水中氽烫一下，捞出。（图②）

③ 油锅烧热，放入葱花、姜末爆香，放入油菜心稍炒。（图③、图④）

④ 倒入高汤烧沸，放虾仁、鱼片烧开，用水淀粉勾芡，加盐、味精、香油调味，撒香菜末即可。（图⑤）

 美味有理

油菜心加上虾仁，使这款汤饮翠绿相间，而且口感滑嫩咸鲜。

木瓜鸡翅煲

烹饪方法：煲　适宜人数：4

宴客有道
这款汤饮醇香咸鲜，酒香浓郁，为居家宴客佳品。

材料

土鸡鸡翅250克
木瓜150克
银耳适量
姜片少许

调料

盐半小匙
醪糟适量

做法

① 土鸡鸡翅去细毛后洗净，切块；银耳泡软后洗净，备用；木瓜去皮后洗净，切块。（图①）

② 将鸡翅块放入沸水锅中汆烫去血水后捞出，过凉，沥干水。（图②）

③ 净锅置火上，放入银耳、木瓜块、姜片、土鸡鸡翅块、醪糟和适量清水，大火煮沸，盖上锅盖，转中小火煲1小时，最后加盐调味即可。（图③~图⑤）

 美味有理

　　如果有条件尽量用青木瓜，因为青木瓜中有酵素，便于加速鸡翅熟透。

木瓜莲子羹

材料

木瓜1个
银耳20克
莲子适量

调料

冰糖适量

做法

1. 将莲子放入清水中浸泡2小时，捞出，去心，洗净；银耳泡发后撕成小朵，洗净；木瓜洗净，去皮，切成块。（图①）

2. 锅置火上，倒入适量清水，放入银耳朵，大火煮沸后调小火，45分钟后放入莲子继续煮，20分钟后放入冰糖、木瓜块，续煮15分钟即可。（图②、图③）

 **美味有理**

木瓜比较易熟，所以为防止长时间烹煮而过于熟烂，要最后放。

鲜菇汤

烹饪方法：**煮**　适宜人数：3

材料

香菇块120克
西蓝花块100克
杏鲍菇片80克
平菇条70克
金针菇适量

调料

高汤500毫升
盐适量

做法

❶ 金针菇去根，撕散。

❷ 西蓝花块放入沸水中焯烫后捞出，过凉，沥干。（图①）

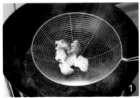

❸ 锅置火上，倒入高汤，放入香菇块、金针菇、杏鲍菇片、平菇条，大火煮沸后转小火，煮10分钟左右，最后放入西蓝花块、盐略煮即可。（图②、图③）

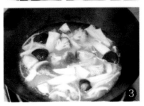

木耳粉丝蛋花汤

烹饪方法：煲　适宜人数：4

材料

黑木耳15克
冬菇1朵
粉丝1包
鸡蛋1个
姜1块

调料

荸荠粉2大匙
蚝油2小匙
生抽1小匙
盐半小匙
胡椒粉适量
麻油少许

做法

① 冬菇、黑木耳洗净后用清水浸软，分别切丝。（图①、图②）

② 姜洗净，切丝；鸡蛋打匀。（图③、图④）

③ 锅中加水烧开，加入黑木耳丝、冬菇丝、粉丝、姜丝，煲20分钟，加入蚝油、生抽、胡椒粉、麻油。（图⑤）

④ 放入荸荠粉搅拌至稠，加入蛋液拌成蛋花，加盐调味即成。（图⑥）

 美味有理

鸡蛋易熟，且长时间烹煮会变硬，为避免影响口感，蛋液要最后加入。

黄花菜木耳瘦肉汤

烹饪方法：煲　适宜人数：3

❶

❷

❸

❹

❺

❻

材料

黑木耳30克
黄花菜60克
猪瘦肉适量

调料

盐适量

做法

❶ 黄花菜用水浸软，洗净；黑木耳浸软后去硬头，用水冲洗干净。（图①、图②）

❷ 猪瘦肉洗净，切小块，放入沸水中余烫5～10分钟，取出，用清水冲净血污，备用。（图③、图④）

❸ 将所有材料放入锅中，加水后大火煲至滚，转小火再煲2小时，加盐调味即可。（图⑤、图⑥）

美味有理

鲜黄花菜一定要先经过焯烫、泡煮等过程，干黄花菜在食用前最好也要浸泡一下。

豆腐牛肉汤

烹饪方法：煮　适宜人数：3

宴客有道

这款汤汤汁浓郁，牛肉细嫩，味道鲜美。

①

③

④

②

⑤

材料

豆腐150克
牛肉50克
陈皮20克
油菜30克
平菇1朵
姜末适量
洋葱少许

调料

盐1小匙
白砂糖半大匙
老抽少许
料酒适量

做法

① 洋葱去皮，洗净，切块；平菇洗净，撕散；牛肉洗净，切块；准备好其他材料。（图①）

② 豆腐切块，放入沸水锅中焯烫透，去豆腥味，捞出，沥水。（图②）

③ 油锅烧热，放入姜末、洋葱块稍炒，加老抽、料酒、盐、白砂糖、陈皮煮开。（图③）

④ 放入平菇、豆腐块、牛肉块，加水煮至入味，最后放入油菜煮开即可。（图④、图⑤）

 美味有理

　　牛肉制作前可先加酒腌渍去腥，然后再料理，风味会更好。

当归熟地牛骨汤 🍲

烹饪方法：煲　适宜人数：**4**

材料

牛骨700克
姜片50克
当归5克
熟地黄10克
红枣适量

调料

盐半小匙
醪糟50毫升

做法

① 牛骨洗净，切段；红枣、当归和熟地黄均洗净，沥干水，备用。（图①）

② 锅置火上，放入牛骨段和适量清水煮开，氽烫至变色，捞出，过凉，洗净。（图②）

③ 净锅置火上，放入牛骨段和适量清水煮沸，再放入红枣、当归、熟地黄、醪糟和姜片，先用大火煮沸，盖上锅盖，转小火煲2小时至熟透，加盐调味即可。（图③）

胡萝卜薏米煲羊肉

烹饪方法：煲　适宜人数：4

材料

羊肉500克
胡萝卜250克
薏米100克
茯苓50克
姜片适量

调料

盐1小匙
醪糟3大匙

做法

❶ 薏米提前浸泡4小时。

❷ 羊肉洗净，切块；胡萝卜去皮后洗净，切片；准备好其他材料。（图①）

❸ 将羊肉块放入沸水锅中氽烫透，捞出，沥干水，晾凉，备用。（图②）

❹ 净锅置火上，放入胡萝卜片、薏米、姜片、茯苓、羊肉块、醪糟和适量清水，大火烧开，撇去浮沫后盖上锅盖，转中小火煲1.5小时，加盐调味即可。（图③）

金针菇竹笋粉丝汤

烹饪方法：煲　适宜人数：3

材料

竹笋50克
金针菇80克
粉丝120克
姜1块

调料

盐半大匙
白砂糖1小匙
绍酒1大匙
白醋2小匙
胡椒粉少许
麻油适量

做法

1. 粉丝用水浸软；姜洗净，切丝，备用。（图①、图②）

2. 竹笋洗净，切丝；金针菇去蒂，和竹笋丝同放热水中焯烫后捞出。（图③、图④）

3. 锅中加水烧开，放入金针菇、竹笋丝、粉丝，再煮滚时改小火续煮10分钟。（图⑤）

4. 放入姜丝，最后下调料稍煮即可。（图⑥）

 美味有理

　　粉丝能吸收各种鲜美汤汁的味道，再加上其本身柔润嫩滑，煮汤更加爽口宜人。想要粉丝熟得更快，还可以在烹调前先用温水浸泡30分钟左右。

芥菜草菇豆腐汤

烹饪方法：炖　适宜人数：3

材料

芥菜120克
板豆腐1块
草菇50克
姜片适量

调料

盐适量

做法

① 芥菜洗净，切小段；豆腐略冲净，切块；准备好其他材料。（图①）

② 草菇去蒂，洗净，切小瓣，放入沸水中焯烫后捞出，洗净。（图②）

③ 油锅烧热，爆香姜片，放入草菇瓣略煎炒，加水烧开。（图③）

④ 加入芥菜段和豆腐块，以小火滚至材料软熟、汤汁浓稠，加盐调味即可。（图④、图⑤）

 美味有理

芥菜质地粗糙而且味道浓重，为了去掉一些味道，可以在烹饪前用开水焯烫一下。

芥菜咸蛋汤

烹饪方法：煮　适宜人数：3

材料

芥菜150克
咸蛋（熟）1个
姜片适量

调料

盐适量

做法

❶ 芥菜去头，洗净，切段；咸蛋去壳，切丁。
（图①、图②）

❷ 锅中加水，放入姜片烧开，加少许油，放入芥
菜段和咸蛋丁煮30分钟。（图③、图④）

❸ 煮至芥菜段软滑，加盐调味即可。（图⑤、
图⑥）

 美味有理

   咸蛋本身已有咸味，为避免摄入过多的盐分，
制作这道汤时要少放盐。

西洋菜蜜枣杏仁汤

烹饪方法：煲　　适宜人数：4

材料

西洋菜600克
蜜枣2个
杏仁10克

调料

盐适量

做法

❶ 西洋菜洗净，沥干。（图①）

❷ 蜜枣、杏仁洗净。（图②、图③）

❸ 锅置火上，加入适量水烧开，放入除西洋菜之外的全部材料，沸滚后以慢火煲约1小时，最后加入西洋菜煮熟，加盐调味即可。（图④、图⑤）

 **美味有理**

杏仁不易熟，所以要用小火慢炖，不但有利于入味，而且营养成分也容易析出。

西洋菜清汤

烹饪方法：煮

适宜人数：2

材料

西洋菜300克

调料

盐少许

做法

① 西洋菜用盐水浸泡10分钟，冲净，切段。（图①）

② 锅中加水烧开，放入西洋菜段，放盐煮滚即可。（图②、图③）

①

②

③

美味有理

西洋菜脆嫩爽口，清香诱人，做汤或炒食均宜。但西洋菜十分鲜嫩，不宜久煮，否则，既影响口感，又会造成营养损失。

第四章

美味
主食

菜肴虽好，还需要主食相配。此时如果搭配上一份美
味的主食，那真的可以说是完美了。

扬州炒饭

烹饪方法：炒

适宜人数：3

材料

白米饭200克
虾仁40克
水发干贝蓉20克
熟火腿丁50克
熟鸡脯肉丁30克
鸡蛋3个
葱末适量

调料

料酒适量
盐少许

做法

❶ 将鸡蛋打散，加入部分葱末，搅打均匀，备用。（图①）

❷ 油锅烧热，放入除米饭、鸡蛋液和剩余葱末外的所有材料煸炒，加调料调味后装盘。

❸ 另起油锅烧至五成热，倒入鸡蛋液炒散，加入米饭同炒，然后再倒入之前炒好的配料及葱末炒匀，翻炒片刻后盛出装盘即可。（图②、图③）

五谷饭

烹饪方法：蒸

适宜人数：2

材料

花生、玉米各30克
薏米、大枣块各50克
大麦仁、荞麦各适量

调料

白砂糖少许

做法

❶ 将花生、玉米、大麦仁、荞麦、薏米、大枣块一起放入清水中泡发，洗净。（图①）

❷ 将所有材料放入一个大碗内，上蒸笼，蒸熟，取出，加白砂糖拌匀即可。（图②、图③）

①

②

③

 美味有理

五谷的香味加上大枣的清甜，让这道主食兼具营养丰富、风味独特的双重特点。

意式南瓜烩米饭

烹饪方法：**烩**　适宜人数：**4**

材料

洋葱1个
南瓜400克
米饭300克
百里香碎适量

调料

白葡萄酒200毫升
玛斯卡波奶酪2克
瑞士硬奶酪碎30克
鸡汤800毫升
盐1小匙
白胡椒粉少许

做法

① 洋葱切碎；南瓜去皮、瓤，切丁；准备好其他材料。（图①）

② 油锅烧热，下洋葱碎和南瓜丁，翻炒2分钟，再下米饭继续翻炒3分钟。（图②、图③）

③ 锅中倒入白葡萄酒，随后分四次倒入鸡汤，加盖用小火慢慢加热。

④ 加入百里香碎、瑞士硬奶酪碎和玛斯卡波奶酪，同米饭搅拌均匀，最后用盐和白胡椒粉调味，用百里香碎点缀即可。（图④、图⑤）

美味有理

奶酪和南瓜、米饭的跨界搭配，使这道米饭具有了异域风味。

雪菜泡饭

材料

雪菜50克
笋丁60克
小米椒碎适量
米饭1小碗
煎鸡蛋1个

调料

盐少许

做法

❶ 米饭放入锅中，加入足量的水，用大火烧沸。（图①）

❷ 随后放入雪菜和笋丁烧煮，用小火煮3分钟。（图②）

❸ 最后待汤水渐干时，调入盐拌匀，把煎好的鸡蛋摆在上端，盛出，撒些小米椒碎即可。（图③）

蛋焗香葱饭

烹饪方法：微波　适宜人数：3

材料

土豆、鸡蛋各1个
米饭1碗
时令蔬菜丁适量
香葱少许

调料

盐1小匙
胡椒粉适量

做法

① 土豆去皮，切小块；香葱洗净，切末；鸡蛋放入碗中搅打成蛋液。（图①）

② 锅中加入适量清水，烧沸，将土豆块放入沸水中焯烫熟，捞出。（图②）

③ 油锅烧热，爆香香葱末，放入米饭翻炒，再加入土豆块、时令蔬菜丁、盐、胡椒粉翻炒均匀。

④ 在微波容器内部刷上植物油，放入炒好的米饭，再撒上胡椒粉和清水，加入蛋液，覆上保鲜膜（留孔），放入微波炉中用中火加热5分钟即可。（图③）

香菇鸡丝炒饭

烹饪方法：炒　适宜人数：3

宴客有道

这款炒饭形美质糯，适口，造型美观，是宴客佳品。

材料

熟鸡肉丝100克
香菇20克
姜10克
米饭1碗

调料

盐1小匙
胡麻油半小匙
白砂糖1大匙

做法

❶ 香菇泡水后，去蒂、切丝；姜洗净、切丝，备用；准备好其他材料。（图①）

❷ 锅置火上，加入少量的胡麻油，爆香姜丝。（图②）

❸ 放入熟鸡肉丝及香菇丝炒香，最后加入米饭、剩余调料、香菇丝和熟鸡肉丝炒匀，出锅即可。（图③~图⑤）

 美味有理

如果喜欢吃辣的，也可以加适量辣椒酱，但最好选用日式辣酱。

纯素炸酱面

烹饪方法：拌　　适宜人数：4

宴客有道
这款炸酱面色泽诱人，
挂面爽滑，葱香浓郁。

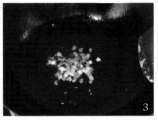

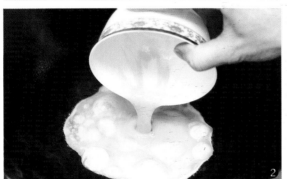

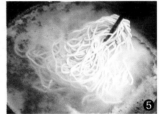

（**材料**）

挂面150克
黄瓜100克
鸡蛋2个
蒜3瓣
香葱1根

（**调料**）

豆瓣酱150克

（**做法**）

❶ 鸡蛋磕入碗中，打散；香葱切成葱花；黄瓜切
丝；蒜瓣去皮。（图①）

❷ 油锅烧至七成热时倒入鸡蛋液，翻炒至蛋液略
凝固后盛出。（图②）

❸ 锅留底油烧热，放入葱花爆香，加入豆瓣酱炒
匀，加入炒好的鸡蛋，继续翻炒，如果太干，
可以加点水，翻炒均匀，做成炸酱。（图③、
图④）

❹ 另取一锅倒入足量清水，将挂面煮熟，备用。
（图⑤）

❺ 煮熟的挂面捞出后过凉，沥干，盛在碗中；
蒜切片，与黄瓜丝一起倒在面上，淋上炸酱
即可。

鸡丝凉拌面

材料

细切面500克
熟鸡丝150克
黄瓜丝100克
芹菜丝少许
胡萝卜、葱段各适量

调料

盐1小匙
味精适量
胡椒粉少许
鸡汤半碗

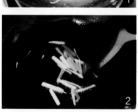

做法

❶ 将锅中倒入鸡汤烧开，下细切面煮熟，
捞入大碗中。（图①）

❷ 另起油锅烧热，下葱段爆香成葱油，葱段
捞出弃用，油倒入小碗中晾凉。（图②）

❸ 将装有细切面的大碗中加入盐、味精、
葱油和胡椒粉调味，然后撒上熟鸡丝、
黄瓜丝、芹菜丝及胡萝卜丝，再放入少
许鸡汤拌匀即可。（图③）

烹饪方法：**拌** 适宜人数：4

麻辣拌面

材料

面条350克
黄瓜丝200克

调料

生抽1大匙
香油1小匙
芝麻酱2大匙
辣椒油少许
盐适量

做法

① 锅中放入适量清水，煮沸，将面条放入，然后撒一点盐，将面条煮熟（不能煮得太烂，但是要没有硬心），捞出，过凉，放入碗中，调入生抽、香油，搅拌均匀。（图①、图②）

② 将黄瓜丝撒在面上，最后放入芝麻酱和辣椒油即可。（图③）

肉末西红柿打卤面

烹饪方法：**拌**　适宜人数：**3**

材料

四季豆段250克
五花肉丁100克
西红柿块50克
面条300克
蒜片适量

调料

盐1小匙
老抽半大匙
冰糖适量
醋少许

做法

❶ 五花肉丁放入沸水中汆烫2分钟，捞出，用温水冲去浮沫，沥干，放入碗中，加盐、老抽腌渍6分钟。

❷ 油锅烧热，放入冰糖炒糖色，接着快速放入腌制好的五花肉丁，转中火翻炒至肉丁上色，然后放入蒜片，翻炒均匀。（图①）

❸ 放入切好的四季豆段，加盐调味，用中火翻炒至四季豆断生后，放切好的西红柿块，翻炒均匀，加适量热水，大火烧开后转小火慢煮15分钟，待肉末四季豆卤的汤汁变浓稠时调入一小勺的醋，大火煮开即可关火。（图②、图③）

❹ 锅置火上，加适量水煮沸后放入面条，煮熟，捞出，最后将煮好的卤淋在面上即可。（图④、图⑤）

素馅煎饺

材料

面粉500克
西葫芦丝300克
泡发黑木耳碎100克
鸡蛋1个

调料

白砂糖1小匙
生抽1大匙
盐、鸡精各适量
香油少许

做法

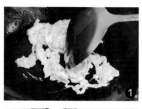

① 鸡蛋打散成鸡蛋液，放入油锅中炒好，备用。（图①）

② 将全部材料和调料拌匀，调成馅料。（图②）

③ 面粉用温水揉成面团，发面30分钟，做成剂子，擀成面皮包馅，成饺子生坯。（图③）

④ 平底锅放油烧热，将煎饺放入锅内煎至底面发黄，倒入没过煎饺三分之一的水，盖上锅盖，焖5分钟即成。（图④）

创意燕麦饼

烹饪方法：烤

适宜人数：5

材料

燕麦片100克
面粉500克
鸡蛋1个
葡萄干、花生碎
各少许
牛奶适量

调料

酵母粉1小匙
黄油、白砂糖各适量

做法

1. 锅置火上，放入黄油加热化开后拌入白砂糖、面粉，搅拌均匀，再打入鸡蛋，一起搅拌均匀。（图①）

2. 将燕麦片、酵母粉混合，倒入做法1的材料中，再加入牛奶，揉成面团，加入葡萄干、花生碎。（图②）

3. 将面团分成小剂子，压成小饼，然后将其放在铺好锡纸的烤盘上，以180℃的温度烤15～20分钟即可。（图③）

清爽薯粉

烹饪方法：**拌**　适宜人数：**4**

宴客有道
这款红薯粉色泽淡雅，
质嫩味鲜，略有微辣。

材料

红薯粉条150克
洋葱丝30克
油炸花生米适量
姜末、蒜末各少许

调料

醋2大匙
生抽1大匙
盐1小匙
高汤半碗
辣椒油、白砂糖各
适量
鸡精、香油各少许

做法

❶ 锅内放入适量清水，大火烧开，下入红薯粉
条，盖上盖，用中火煮至熟，捞出，过凉。

❷ 洋葱丝放入沸水中焯烫约15秒，捞出，过凉。
（图①）

❸ 将凉透的红薯粉放入碗内，撒上姜末、蒜末。
（图②）

❹ 将生抽、醋、白砂糖、盐、鸡精、香油、辣椒
油、高汤放入碗内，搅匀成调味汁。

❺ 将调味汁淋在沥干的红薯粉条上，然后放上焯
烫好的洋葱丝搅拌均匀，最后撒上油炸花生米
即可。（图③~图⑤）

香菇煎肉饼

烹饪方法：煎　适宜人数：4

宴客有道
这款肉饼色泽红润，
口感醇香酥脆，油而不腻。

材料

猪肉300克
水发香菇4朵

调料

白砂糖1小匙
香油半小匙
盐1大匙
胡椒粉少许
生抽适量

做法

① 香菇去蒂，用清水洗净，切成末；猪肉洗净，剁末；备好调料。（图①）

② 将香菇末与猪肉末混合均匀，加入生抽、白砂糖、香油、盐、胡椒粉一起搅拌均匀成肉馅。（图②）

③ 把拌匀的肉馅分成同等大小的四份，每份都搓成圆形，然后逐一压扁成饼状。（图③）

④ 油锅烧热，下入肉饼，煎至两面金黄并成熟即可。（图④）

冬瓜蒸肉饼

烹饪方法：蒸　适宜人数：3

宴客有道
这款肉饼肉质滑爽，
咸鲜适口，清香浓郁。

材料

猪肉末60克
冬瓜120克
姜末10克
香菜叶少许
葱末适量

调料

A.老抽1小匙
香油2小匙
白胡椒粉、白砂
糖各半小匙
醪糟1大匙
B.盐1小匙
水淀粉1大匙
鸡精少许
高汤适量

做法

① 冬瓜洗净，去皮后切厚块；准备好其他材料。
（图①）

② 将猪肉末放入碗中，加葱末、姜末和调料A抓
匀，腌渍至入味。（图②）

③ 分别将厚片冬瓜从中间切开，填满馅料，备
用。（图③）

④ 将填有猪肉馅的冬瓜片装入盘中，再移至蒸锅
中用中火蒸熟后取出。（图④）

⑤ 将蒸制出的汤汁和调料B放入锅中，开火煮沸，
然后淋入盘中，最后撒少许香菜叶点缀即可。
（图⑤）

材料

面粉100克
鸡蛋2个
牛奶、红糖各50克
蔓越莓干30克

调料

泡打粉适量

做法

❶ 鸡蛋打入容器中搅成蛋液，加入红糖，搅拌至蓬松状态，再加入色拉油和牛奶搅拌均匀，备用。（图①）

❷ 把面粉和泡打粉放在一起过筛，然后倒入容器中，加入蔓越莓干搅拌好，备用。（图②）

❸ 事先可用油将蛋糕模具擦一遍，以免粘底，再将做法2中的材料倒入小蛋糕模具中，且以五分满为宜，表面抹平，然后再放入微波炉，以高火烤3～4分钟，取出即可。（图③）